图说苹果幼树修剪技术

主　编

王春良

编著者

贾永华　李秋波　牛锐敏

李晓龙　窦云萍　许泽华

金盾出版社

内容提要

本书以图文结合的形式介绍了苹果幼树修剪的关键技术,内容包括:苹果优良品种,苹果树形,苹果幼树修剪中存在的问题,苹果幼树栽植技术,苹果幼树越冬管理技术,苹果幼树修剪技术,宁夏引黄灌区苹果产业发展解析。本书内容丰富系统,技术先进实用,有很强的操作性,适合广大果农、基层农业技术推广人员使用,也可供农林院校有关专业师生阅读参考。

图书在版编目(CIP)数据

图说苹果幼树修剪技术/王春良主编 .— 北京 : 金盾出版社,2016.3(2018.2重印)
ISBN 978-7-5186-0792-1

Ⅰ.①图… Ⅱ.①王… Ⅲ.①苹果—幼树—修剪—图解 Ⅳ.①S661.105-64

中国版本图书馆 CIP 数据核字(2016)第 032176 号

金盾出版社出版、总发行
北京市太平路 5 号(地铁万寿路站往南)
邮政编码:100036 电话:68214039 83219215
传真:68276683 网址:www.jdcbs.cn
中画美凯印刷有限公司印刷、装订
各地新华书店经销
开本:850×1168 1/32 印张:2.625 字数:45 千字
2018 年 2 月第 1 版第 2 次印刷
印数:9 001~12 000 册 定价:15.00 元
(凡购买金盾出版社的图书,如有缺页、
倒页、脱页者,本社发行部负责调换)

苹果整形修剪技术因经济社会发展阶段、品种、砧木、砧穗组合、气候、树龄、目标市场、投入、土肥水管理水平的不同而变化很大。适龄的苹果幼树不结果往往是由整形与修剪上存在的问题造成的。可以说没有2个完全相同的苹果树形，就是同一株树10个操作者也会有10种剪法。因此，用文字描述的整形修剪技术难于理解，更是纸上谈兵。技术图解形象生动，使人耳目一新。通过看图识字能够学到一招半式，本人将不胜欣慰。此书成书于仓促之间，所有图片均来自生产实践，如有不妥之处，敬请雅正。

编著者

前言

目录

目 录

第一章

苹果优良品种 ●

经过多年生产与市场的检验，以宁夏引黄灌区表现比较好的砧木与品种为例介绍如下。

基砧：楸子、海棠（甘肃、花叶二类）、新疆野苹果。

中间砧：GM256、SH 系、M9-T337。

新优品种：适应性强、区域特色明显、质量优势突出的共10 个。其中，宁夏自育苹果品种主要有宁秋、宁冠、宁金富。

在宁夏栽培面积相对大并表现好的有金冠、富士、嘎拉、天汪 1 号、新红星、津轻、乔纳金。

一、宁 秋

宁秋苹果（代号 70-3-2）是由宁夏灵武园艺场 1970 年以金冠 × 红魁杂交育成（图 1-1）。1973 年栽于选种圃，1985年通过省级技术鉴定，定名为宁秋。目前，在宁夏地区已栽苗 1 万多株，全国已有内蒙古、北京、辽宁、山东、湖北、江苏、四川等 14 个地区引种。

宁秋苹果果实中等大小，单果重 144.8 ~ 190 克。卵圆形。底色淡黄绿色，全面艳红霞，具断续红条纹。果梗长，萼洼深而狭，萼洼中等深广，果心小。果肉黄白色，肉质致密、脆，汁液多，风味酸甜适口，有香气，含可溶性固形物约 14%，品质上等。8 月中旬成熟，在室温下可贮藏 1 个月。

图1-1 宁 秋

树势生长旺盛,枝条粗壮,萌芽力较强,成枝力中等,定植后3～4年结果,以短果枝为主。长、中果枝与腋花芽有一定比例。坐果率高,十分丰产。

树冠大,树势较开张。主干灰褐色,多年生枝紫褐色,1年生枝紫褐色,皮孔少。

宁秋抗寒力强,1981年10月上旬突然降温为-10℃,苗圃内富士、祝光、MM106等1年生苗木均严重受冻,而宁秋只有较轻微冻害。丰产,优质,结果早,较耐贮运,其品质、丰产性、抗寒性均优于祝光,是目前50个中熟苹果品种中表现较突出的优良品种,可以代替祝光少量发展。

图1-2　宁冠

二、宁冠

宁冠苹果是宁夏灵武园艺场于1970年用金冠 × 倭锦培育而成（图1-2）。

宁冠苹果果实中等大，单果重170～190克。卵圆形，外形似金冠，多为金黄色。向阳的果实阳面有鲜红色晕，蜡质厚，表面光滑，外观美丽。果点细小，明显，果皮中等厚。果梗细长（为1.45厘米），梗洼深、中广；萼片小，开张，萼洼中等深广，果心小。果肉黄白色，肉质紧密、细、脆、汁多，风味甘甜，微酸，品质上等，含可溶性固形物13.58%，含糖11.45%，含酸0.25%。果实10月上旬采收，刚采收后有异味，耐贮藏，可贮藏至第二年5～6月份，肉质不绵，烂果极少。

该品种生长旺，树冠大小常超过其他品种。枝条成枝力较强（一般抽生 3～4 个长梢），以短果枝结果为主（约占88.2%），中果枝约占 11.8%。每花序坐果 1～3 个，花序坐果率 78%～83.3%，花朵坐果率约 26.7%。长势旺，修剪宜轻剪长放。

树姿较开张。幼树主干暗灰色，1 年生枝紫色，茸毛多，皮孔圆形，较大，枝条略呈弯曲生长。叶片大，长卵圆形，浓绿色。叶芽贴伏，中等大小。花芽小，圆锥形。

果实表面光洁，外观美丽。品质较好，耐藏性和贮藏后期风味优于金冠。

三、宁金富

宁金富苹果是宁夏著名果树专家魏象廷等于 1985 年以金冠苹果作母本，富士苹果为父本，用人工杂交的方法，经23 年时间育成的新品种，有良好的经济性状和栽培性状（图1-3）。

宁金富苹果果实卵圆形，果个大，平均单果重 200 克。大小整齐，果形端正，纵径 7.42 厘米，横径 7.30 厘米。果皮浓红色，有光泽，蜡质厚，外观美。果肉乳黄色，肉质细、紧、脆，果实硬度 10.76 千克 / 厘米^2；酸甜味浓，汁液丰富，有香气，含可溶性固形物 16.1%、总糖 12.33%、总酸 0.79%。宁金富苹果刚采收时，酸味较重，贮藏到翌年 2～3 月份，果实酸甜，是鲜食最佳时期，贮藏至 4～5 月份，肉质较为酥脆，汁液很丰富，到 5 月份后果肉仍脆，而且烂果很少，特别耐贮藏。

宁金富幼树生长旺盛，栽后第三年即可开花结果，第五至

图 1-3 宁金富

第六年株产可达 30 ～ 50 千克，丰产、稳产，长、中、短果枝均能结果，以短果枝结果为主，腋花芽也能结果。花序坐果率89%。进入盛果期后以短果枝结果为主。宁金富苹果对修剪反应不敏感，修剪技术容易掌握，栽培性状好、结果早、丰产、大小年结果现象不明显、树体耐冻力较强，容易管理，生产成本低。

除上述品种外，宁夏育成并鉴定命名的新品种还有甜国光、脆苹、宁锦和宁富。目前，这些品种正在被生产中所采用。

四、金 冠

金冠原产于美国，19世纪末在西弗吉尼亚州克莱县(Clay County)的穆林斯(A.H.Mullins)果园中发现，为自然实生苗（图1-4）。1916年由斯塔克兄弟种苗公司命名发表并推广，在美国是占重要比重的苹果栽培品种，20世纪30年代以后遍及世界各苹果主产国，成为主要栽培品种。

图 1-4 套袋金冠

我国栽培情况：1930年前后引入我国，先在山东青岛和辽宁南部地区栽植，20世纪50年代后期在全国各苹果产区推广，各大苹果栽培区都有该品种分布，许多地区如山东、河北、河南、山西、辽宁、甘肃等省作为主栽品种种植，甘肃的武威、四川的茂汶、云南的昭通等地区及宁夏的引黄灌区，是我国著名的金冠优质果产区，所产的金冠果实表面光洁、品质优良。目前，金冠在以上地区依然是主栽品种，而在其他省、自治区只是作为授粉品种。

优势分析：抗性、适应性特别强，山地、川地、平地都生长较好，无论是在我国还是在世界其他国家，凡有苹果栽培的地方就有金冠，是一个世界性的品种。在栽培性状上表现为早果、早丰、高产、稳产，品质优良。果实既可鲜食，也可加工，是优良的鲜食加工两用品种。在宁夏地区金冠面积产量占将近１／４，是主栽品种之一。由于金冠对树形要求不严，对修剪反应不敏感，且易于管理，因此是一个不可多得的高效品种。经在各大超市调查，同期售价金冠高于富士，因此在市场上金冠有价格优势，是一个价高品种。在目前富士一统天下红的情况下，人们果盘中的黄色可谓锦上添花，是一个添色品种。2013年４月上旬，宁夏引黄灌区苹果花期遭受严重冻害，在其他品种几乎绝产的情况下，金冠依然花满枝头，果实累累，可谓铁杆品种。

劣势分析：幼树越冬性差，在北方幼旺树易抽条；幼果抗药力差，易引起果锈；叶片易感褐斑病早期落叶，贮藏中果皮易皱缩，影响外观。但这些缺陷都可以通过相应的栽培或贮藏技术加以克服。

在宁夏地区的栽培优势：由于宁夏引黄灌区雨水少，冷凉

干燥，金冠品质得到了超过原产地的最佳发挥，在国内其他产区如渤海湾和黄河故道地区，在春季潮湿多雨年份和低温多雾地区产生果锈的情况在宁夏地区不存在。在宁夏地区栽培的金冠果实果面金黄光洁无锈，肉质细密，汁液丰满，风味浓郁，酸甜爽口。据不完全统计，在宁夏地区栽培的金冠品种至少有7次在国内获奖，就连美国专家也赞美金冠在宁夏地区栽培的品质绝佳。只要在栽培上科学灌水，平衡施肥，套袋栽培，带袋采收贮藏或分级打蜡，就可以大大增强果品的竞争力，在国内市场上占有一定分量并且形成特色。

五、富　士

富士别名东北7号、苹果农林1号（图1-5）。

图1-5　富　士

日本农林水产省园艺试验场盛冈支场杂交育成，亲本为国光×元帅。1939年杂交，1951年选出。1958年以"东北7号"的名称发表。1962年3月在日本全国苹果协会上正式命名为富士。经20世纪60年代的大发展在日本已取代国光而成为生产的主栽品种，在欧、美也有广泛栽培。中国引入富士最早在1966年，由辽宁、山东组成的赴日科技交流人员从日本带回10株苗木，在山东省果树研究所和辽宁省果树科学研究所分别栽植。1976年后山东省果树研究所尚存3株，据此繁育少量苗木。因其果实品质优良、耐贮藏而受到各地重视，相继引入繁殖、试栽。1979年中国农业科学院品种资源研究所、河北省昌黎果树研究所分别从日本引入富士着色系芽变，因其果实着色比富士有不同程度的改善，很受栽培者重视。1982年，农业部组织11省（直辖市）果树科研单位开展协作，大力推广富士及其着色系。经十余年的推广，至20世纪90年代已成为中国苹果生产上的主栽品种，在栽培面积及产量方面均居诸栽培品种之首。

富士果实近圆形，部分果稍偏斜，平均纵径7厘米，横径8.1厘米，平均单果重215.6克，大果重达350～400克。底色黄绿，阳面被淡红霞和不明显的断续暗红条纹，在管理良好的沿海果区和海拔高的地区果实着色充分，可以达到全面着色。果皮较光滑，有光泽；蜡质中等，果粉薄；果点中密，圆形，较小，灰白色，有淡黄晕圈；部分果点为锈色，较大，形状不规则，凸出，比较明显。果梗中粗或较细，平均长2.2厘米，绿色或红褐色；梗洼较深，中广，部分果梗洼周围呈波状；萼

片较小，直立闭合；萼洼深，中广、中缓，萼洼内有皱，果顶有不明显的棱起。果皮较薄而韧，果心小或中大，中位或近萼端；心室椭圆形，心室壁有絮状物。种子中等大小，饱满，附有絮状物，淡褐色。果肉乳白色或乳黄色，肉质细而爽脆，去皮硬度 8.9 千克 / 厘米^2，汁液多；风味酸甜适口，稍有清香味，品质上等。含可溶性固形物 14.3%，可滴定酸 0.28%，维生素 C1.8 毫克 / 100 克。耐贮藏，一般室内可存放至翌年 4 月份，品质变化不大，贮放至翌年 1 ~ 2 月份食用品质最佳；在冷藏条件下可存放到翌年 5 ~ 6 月份，贮藏后期个别果有虎皮病。

　　幼树生长势强，顶端优势强，树体健壮，7 年生树树高 4 ~ 5 米，冠径 5 ~ 6 米，1 年生枝平均长 90 厘米，粗 0.9 厘米，平均节间长 2 厘米，枝条斜生，较开张。萌芽率 65%，成枝力较强，一般剪口发 3 ~ 4 个长枝，短枝率 80.9%，苗木栽后 4 ~ 5 年开始结果，幼树以中、长果枝结果为主，短果枝及腋花芽也占一定比例，大量结果后以短果枝结果为主。果台多抽生 1 个果台副梢，连续结果能力中等；坐果率高，花序坐果率 70% ~ 80%，花朵坐果率约 50%，每花序一般坐 2 ~ 3 个果，多者可坐 4 ~ 5 个果；采前落果较轻，丰产，但疏果不当，大小年结果现象较明显。山东泰安地区于 3 月 15 日萌芽，初花期为 4 月 12 日，盛花期为 4 月 14 ~ 18 日，终花期为 4 月 18 日。果实成熟期为 10 月 20 日，在河北北部与辽宁西部果实于 10 月中旬成熟，甘肃于 10 月中下旬成熟。果实发育日数 190 天左右；落叶期为 11 月 20 日，营养生长日数 220 天左右。对果实轮纹病抗性较差，尤其在高温多湿地区，需注意喷药防治；

对土壤和气候适应性较强，但抗寒性较差，常因低温冻害或因抽条而发生死树现象，在我国北方苹果栽培区尤需注意。

树姿较开张，主干及多年生枝灰褐色，皮面较光滑。多年生枝淡褐色，皮孔多，椭圆形，凸出，明显；1 年生枝红褐色，较粗壮，顺直，多斜生，皮孔密，中大。叶片深绿色至黄绿色，中大或较小，质中厚，叶长 7 ~ 9 厘米，宽 5 ~ 6 厘米。叶片椭圆形或卵圆形，基部圆形，叶尖急尖，偏钩状，叶面平展，微有波状，叶缘锯齿较密，为复式锯齿，叶背茸毛较密；叶柄中粗，平均长 2.3 厘米，基部略带紫红色，托叶中大，呈军刀形。顶叶芽中大，圆锥形，侧芽短三角形，茸毛多；花芽长卵圆形，先端较尖，鳞片紧，茸毛较多。每花序有 5 ~ 6 朵花，花冠中等大，平均直径 3.8 厘米，花瓣淡粉红色。

富士品种树势强健，适应性强，丰产；果实大，品质优良，耐贮藏。但果实对轮纹病抗性差，贮藏中有霉心病；树易患粗皮病，且不太抗寒，在栽培中均需注意。

1966 年，日本从富士首次发现果实的浓色芽变，至今已报道的着色芽变系有 100 多个。这些着色系除果实色调优于母本品种富士外，从植株性状等方面来说并无太大差异。果实的着色按色相分为片红（Ⅰ系）和条红（Ⅱ系）2 种类型，比较突出的有长富 2 号（佐原Ⅱ系）、秋富 1 号（山谷Ⅱ系）、岩富 10 号（岩手Ⅰ系）等。除果实着色的变异外，尚有株型方面的变异如长富 3 号（短枝型品系），果实熟期方面的变异如早熟富士等。

1979 年以来，我国各地通过不同途径从日本引入的富士芽

变系很多，由于风味品质不次于富士，且果实着色更好，在我国发展很快，已逐渐取代富士成为生产上主要的发展品种。由于富士着色系品系很多，各地发展品种不一，栽培中习惯上把着色系统称为"红富士"。20世纪90年代后日本报道一些新的着色系如红将军等，我国也已引入，并进行栽培观察。

六、嘎 拉

嘎拉原产于新西兰，由新西兰育种家基德（J. H. Kidd）育成，为Kidd's Orange Red×金冠的杂交后代，1939年以Kidd's D. 8代号入选，1960年发表，1962年命名为嘎拉（图1-6）。1965年在新西兰开始推广，是新西兰三大主栽品种之

图1-6　嘎 拉

一巴西、澳大利亚以及法国、英国、美国、日本等国均有栽培。1979 年我国河北省从日本引入；1982 年中国农业科学院从英国引入，由中国农业科学院郑州果树研究所保存观察，国家果树种质兴城苹果圃及一些省、市果树科研单位也均有保存。

嘎拉果实短圆锥形，部分为卵圆形，平均纵径 5.8 厘米，横径 6.7 厘米。果实中等大小，平均单果重 144.9 克，大果重达 190 克，大小整齐。底色绿黄或淡黄；果面 1/2～2/3 着色，彩色为淡红晕，色调均匀、鲜艳，有少量细短断续红条纹，果实色泽常见嵌合现象。果面光洁，无锈；蜡质中等；果点中大、平、褐色，有淡黄色晕圈。果梗较细长，平均长 2.2 厘米；梗洼中深，稍陡，偶有锈斑。萼片宿存，较小，直立或反卷，基部分离，果顶有五棱；萼洼较浅。果皮脆韧，较薄；果心中等，正中位。果肉淡黄色，肉质较细、松脆、稍硬，去皮硬度约 7.7 千克/厘米^2，汁液多；风味酸甜适度，有香气，品质上等。含可溶性固形物约 13.4%。较耐贮藏，但贮藏过程中有风味变淡趋势。

生长势中庸，树姿开张。高接树 3 年始果，以短果枝为主要结果部位，有腋花芽；花序坐果率约 35.3%，平均每花序坐果 1.8 个，较丰产。在河北北部 9 月中旬成熟。辽西地区 9 月下旬成熟，11 月上旬落叶。

树姿开张，枝条较软；1 年生枝红褐色，皮孔较密，明显；叶片椭圆形，较小；每花序 5 朵花，花冠淡粉红色，平均直径 4.1 厘米，雌、雄蕊等长。

嘎拉引入我国之后，由一些科研单位进行了观察。作为一个中熟品种，其果实品质优良，较耐贮运，产量也较好，但该

品种果实较小，着色较淡不甚理想，其芽变系新嘎拉在我国生产中更受重视。据报道，嘎拉果实色泽易发生变异，自1973年推出新嘎拉之后，浓色芽变还有 Imperial Gala，Royal Gala 等。

七、天汪1号

天汪1号由甘肃省天水市果树研究所杨新民、陈昭文等选育（图1-7），系1980年于甘肃省天水市秦川区汪川乡杏树湾村发现的元帅短枝浓红优系，1995年通过省级鉴定。目前甘肃省内各苹果主产区均有栽培，以天水市栽培面积较大；四川、河北、陕西等省也已引种试栽。

天汪1号果实圆锥形，平均纵径7.2厘米，横径7.7厘米；

图1-7　天汪1号

平均单果重 196.8 克，大果重达 288.5 克；果顶五棱突起明显。底色黄绿，彩色全面鲜红或浓红，色相片红，富有光泽，鲜艳美观。果点明显，褐色，有粉红色晕圈，中大、中密。果梗深红色或浓红色，长约 2 厘米，中粗；梗洼中深、中广。萼片宿存，直立或反卷，半开至开；萼洼中深、中广。果皮较厚；种子中等大小，圆锥形，褐色，每果 7 ～ 10 粒。初采时果肉为青白色，贮后黄白色，肉质致密、细，采后 15 天去皮硬度约 5.9 千克 / 厘米 ^{2}，汁液多；有香气，风味甜，品质上等。含可溶性固形物 11.9% ～ 14.1%，可滴定酸约 0.2%。在半地下式果窖内，可贮至翌年 3 ～ 4 月份。

树势健壮，8 年生树高约 2.9 米，冠径平均东西 2.1 米，南北 2.2 米，树干周长约 29 厘米。1 年生枝长 29.2 ～ 37.3 厘米，粗 0.55 ～ 0.68 厘米，节间长 1.5 ～ 1.9 厘米。2 年生枝萌芽率 80.5% ～ 86.5%，剪口下发长枝 1 ～ 2 条。栽后 3 年开花株率达 81.7% ～ 85.8%；以短果枝结果为主，短果枝结果可占 95.5%；花序坐果率为 78.8% ～ 98.9%，每花序坐果 2 ～ 3 个；丰产性强。采前落果轻，8 ～ 10 年生树，株产 30 ～ 40 千克。若产量不加控制，易出现大小年结果现象。

在甘肃天水地区于 3 月下旬至 4 月初萌芽，4 月 18 ～ 24 日初花，5 月上旬终花，花期 8 ～ 14 天，果实于 9 月中旬成熟，果实发育天数 140 ～ 150 天，11 月上旬落叶，营养生长天数 215 ～ 230 天。

树姿直立，树体矮小，多年生枝灰褐色，1 年生枝赤褐色。皮孔圆形，小而稀。叶片浓绿色，椭圆形。平均叶长 8 厘米，

宽 5.1 厘米，呈抱合状；叶面多皱，叶尖渐尖，叶基圆形，叶缘有锯齿。叶背茸毛较多；叶柄较粗，红色。花冠较大，每花序平均 5 朵花，盛开后粉红色；花萼、果柄、幼果均紫红色。

该品种在甘肃天水、庆阳等地生长结果良好。树体矮小，结果早，丰产。果实全面浓红色，是一个优良的元帅系短果枝型品种。

八、新 红 星

新红星原产于美国俄勒冈州，1953 年罗伊比斯比 (R. A. Bisbee) 发现一株 12 年生红星短枝型全株芽变，1956 年由斯塔克兄弟种苗公司发表（图 1-8）。从 20 世纪 60 年代开始推广，世界各国竞相引种，现已广泛分布于各苹果主要生产国。中国

图 1-8　新 红 星

农业科学院在 1964 年曾从波兰引入接穗，1974 年后又分别从阿尔巴尼亚、荷兰、南斯拉夫、加拿大、意大利、日本多次引入。1980 年中国农业科学院果树研究所通过沈隽教授，从美国斯塔克兄弟种苗公司直接引入接穗 1 000 条，在中国农业科学院果树研究所砬子山农场高接观察。经过长期的观察和广泛的生产试验之后，从 20 世纪 80 年代开始，以从美国引入的新红星为主，在我国广泛推广，逐渐取代红星和红冠的地位。

新红星果实圆锥形，平均纵径 7.1 厘米，横径 7.6 厘米，果形指数 0.9 ~ 1；平均单果重 183.5 克，大果重达 275 ~ 300 克；常有不明显的纵棱起。底色黄绿，全面浓红，较红冠的颜色浓，果面光滑，富有光泽；无锈；蜡质多，果粉薄。果顶部果点多，胴部和肩部果点少，中等大，粉白色，平或稍凹陷，少数为浅褐色，有淡红色晕圈，明显可见。果梗较粗，长短不齐，平均长 2.4 厘米，多数为浅紫褐色；梗洼深广，中缓，外围起伏不平，梗洼内无锈。萼片宿存，较大，较宽，基部连接，直立，先端稍反卷，半开或闭合；萼洼深，中广，较陡，有皱，果顶有极明显的 5 个棱。果皮厚韧；果心小，果心线抱合，心室椭圆形，近梗端，室壁有裂纹；种子中等大小，卵圆形，褐色，饱满。初采时果肉呈绿白色，稍贮后为黄白色；肉质较细，松脆，初采时去皮硬度约 8.2 千克 / 厘米^2，汁液较多；味淡甜或酸甜，有香气，初采时品质中上等。稍贮藏后香气浓，肉质松脆、品质上等。含可溶性固形物约 13.5%，可滴定酸约 0.2%，维生素 C 约 1.2 毫克 / 100 克。其风味稍逊于普通型的红星和红冠。贮藏性能同红星等元帅系品种。

树势中庸，树体矮小，树冠紧凑，为短枝型品种，树姿直立。据调查，10年生树树高3米，冠径1.8米，树干周长50厘米。树冠多呈圆锥形，萌芽力很强，发枝力较弱，1年生长发育枝剪后，先端只能抽生1～2个中、长枝，其下部侧芽几乎全部萌生为短枝。因此，树冠上短枝密生，长枝很少。幼树进入结果期早，苗木定植后第三年即开始结果，6～7年生果树进入盛果期。花芽分化率高，在2年生以上枝上萌发的短枝大部都能形成花芽，冠内果枝密生，短果枝占绝大多数，有少量中、长果枝，无腋花芽。花序坐果率平均87.1%，花朵坐果率偏低，一般为24%左右，较元帅、红星稍高，每花序坐果1～2个。果台分枝力弱，连续结果能力中等，生理落果和采前落果较元帅轻。丰产稳产，适于密植栽培。开花期与元帅、红星等品种同期，在河北北部果实成熟期在9月中旬，在辽宁西部于9月下旬成熟，较红星稍早。在甘肃天水地区于3月中旬萌芽，4月中下旬为花期，9月中旬果实成熟，果实发育天数约155天，11月上旬落叶，营养生长天数约230天。

主干树皮灰褐色，皮面稍平滑，有少量小纵裂；多年生枝紫褐色，较光滑，皮孔密集而大，圆形，凸出，较明显；1年生枝紫褐色，粗短，直顺，节间长1.5～2厘米，皮孔小，较少，椭圆形，少数为圆形，凸出，较明显。叶片性状与红星品种基本一致，叶片中等大，质厚，平均叶长8.5厘米、宽4.7厘米，椭圆形或长椭圆形，先端渐尖，基部圆形或楔形；叶缘两侧稍向上翘，锯齿中等大，不整齐，齿尖钝，多为复锯齿；叶面皱少，叶色浓绿有光泽，叶背茸毛密生；叶柄中粗，长2.5～3厘米，浅绿色，基部稍显深紫红色，托叶中等大或短小，线形或披针形。叶芽中等大，圆锥形，茸毛较多，贴伏。花芽大，卵圆形，先端钝，鳞片紧，茸毛中多。花朵的大小、颜色及性状完全与红星相似。

新红星的风土适应性与元帅、红星相似，但新红星为短枝型品种，树势较红星弱，树冠矮小，长枝少，枝条节间短，极容易萌发短枝，且短枝又易形成花芽，具有早结果的性状。果实上色早，色泽鲜艳，树冠内外果实着色均匀，果形整齐、端正，外观很好，采前落果也较轻。虽果实初采时风味品质比元帅、红星等品种稍逊，但不失为一个优良品种，在元帅系苹果品种当中是一个具有代表性的品种，发展迅速，在当前我国诸多苹果栽培种中其重要性仅次于富士系品种。

第二章

苹果树形

　　苹果是世界范围内最受消费者喜爱的水果之一，栽培苹果的国家已超过 100 个，是世界温带地区栽培的最重要的果树树种，在世界果品生产中占有重要地位。苹果属喜光性果树，树体高大，透光性差，结果较晚，生产成本高。在苹果生产管理中，整形修剪直接影响着苹果的产量和品质。近年来，世界苹果栽培发展的趋势已由稀植走向密植，树冠由大变小，光照由弱变强，产量由低变高，选用和培育高光效树形是主要趋势。世界各国围绕光照树形的培育，提出了不同特点的树形。例如，荷兰提出了纺锤形、细长纺锤形；法国提出了主干轴形；新西兰提出了金字塔形和高纺锤形；意大利研究推广高纺锤形；美国华盛顿州提出了组合纺锤形；澳大利亚采用高纺锤形或细长纺锤形；韩国主要采用细长纺锤形；日本新建果园采用细纺锤形，成龄果园采用开心形。日本老龄果园以乔砧稀植为主，树形主要采用开心形，树干较高，主枝数量少（2～4 个），单层开心，该树形既改善了降水偏多的果园湿度环境，又能抵御台风灾害。同时，近几年来为了高档果品生产的需要，进行了树体结构的调整，根据富士生长的特点，采用下垂枝结果，效果良好。总体来看，国外重视以提高质量为中心的管理，行间多采用节水灌溉生草制，树形多以纺锤形为主。各国苹果树形如图 2-1 至图 2-5 所示。

图 2-1 法国树形

图 2-2 意大利树形

a

b

图 2-3　韩国树形

图 2-4　罗马尼亚树形

一、主干圆柱形

树高 2.5 ～ 3 米，主干高
80 ～ 100 厘米，强健、直立的
中央领导干上，均匀、错落着
生 12 ～ 15 个生长中庸，粗细、
长短相近，呈螺旋式上升的单轴
状主枝。主枝与主干直径比小
于等于 1/3，并呈 90°　～ 110°
斜下生长。主枝上直接均匀着
生结果枝组，每个主枝上一般
留果 20 ～ 30 个。

图 2-5　松塔树形（河南二仙坡）

（一）整形修剪方法

　　苗木定干高度 80 ～ 100 厘米，在饱满芽处短截。第二年除主干延长枝外疏除全部 1 年生枝，以培养主干为主；主干延长枝在饱满芽处短截。第三年当主干在 1.2 米处粗度达到 2 厘米时，保留主干上低于主干 1 / 3 粗度的枝条，疏除其余粗壮枝；主干粗度低于 2 厘米时，仍按 2 年生树修剪，保持 7 ～ 10 个主枝。第四年疏除所有大于主干 1 / 3 粗度的侧枝，疏除过密枝条、竞争枝，全树主枝数控制在 12 ～ 15 个，主枝上不留侧枝；其余枝条均作为临时性辅养枝处理，主干延长枝达到 3 米时缓放不剪，结果枝组单轴延伸呈圆筒状。主干圆柱形修剪如图 2-6 至图 2-13 所示。

图 2-6　第一年春季定干

到盛果期后，主要是调整树势，清理冠内无效枝，主干延长枝每年缓放不剪，结果下垂后在其后方选一个新的分枝带头。合理调整结果枝与营养枝比例，看花修剪，保证枝组健壮，均衡结果。花芽不足时，见花芽就留，尽量保留果枝；花芽充足时，疏除弱枝花芽，选留壮果枝结果；花芽量过多时，疏剪中、长果枝顶花芽，仅留短果枝结果。

图2-7　第二年培养主干

a

b

图 2-8　第三年修剪

图2-9　第四年修剪

a　　　　　　　　　　　　　b

图2-10　第五年修剪

段段段段段段段 **图说苹果幼树修剪技术**

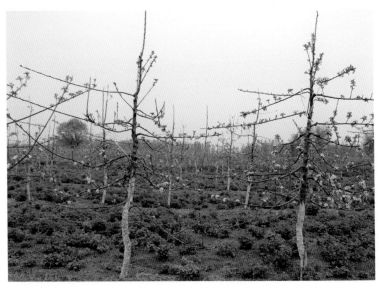

图 2-11　5 年生树开花状

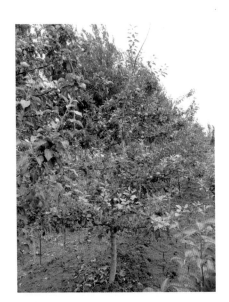

图 2-12　5 年生树结果状

a

b

图 2-13 6 年生树修剪

（二）夏季修剪

2年生树，8月底对所有当年生枝条拉枝，拉枝角度90°以上。8月中旬至9月下旬进行2～3次摘心。3年生以上树，在3月上旬至树体发芽前，对需要发枝的部位，从饱满芽的上方刻伤，深达木质部。刻时要注意背上芽芽后刻，背下芽、侧芽芽前刻。6月上旬根据树体的长势情况选择环割，一般在结果枝组进行，不宜在主干进行。基部保留2个芽环割或转枝促发，一般情况下，比烟头细的割一刀，超过中指粗的中间间隔0.5厘米再割一刀。6月上旬至7月下旬对新梢拿枝软化和扭梢。5～6月份对2年生枝条拉枝，拉枝角度90°以上。8月底至10月初对1年生枝条进行拉枝，实行拉枝全年化，当年生枝采用拿枝、扭梢、使用"E"形果树开角器，多年生枝可采用绳拉和吊枝。

（三）枝组培养与更新

主干圆柱形结果枝组经过5～6年连年结果枝组衰弱后，或枝干比超过1／3时进行更新。具体方法为：将需要更新的结果枝组从基部留短桩直接疏除，对新发出的1年生枝条，长到一定程度，通过转枝、刻芽、拉枝等措施促使成花，形成单轴延伸结果枝组。

二、自由纺锤形

树高2.5～3米，主干高50～60厘米，中心干上的主枝10～15个，一般12个以上，螺旋式分布在中心干上（图2-14）。主枝上稀(20～25厘米间距)下密(15～20厘米间距)，上短(1～1.2米长，或为株行距的40%左右)下长(1.5米左右，或为株行距的50%左右)。同方向主枝上下垂直距离不能小于50厘米。每个主枝与中心干夹角保持80°～90°。主枝上不留侧枝，只保留单轴延伸的结果枝组。主枝基部的粗度不能超过其着生处中心干的1/3。

图2-14 自由纺锤形树形（甘肃天水地区）

三、细长纺锤形

该树形树高2.5～3.5米，主干高约80厘米，冠径1.5～2米，中央领导干直立健壮，其上均匀分布15～20个主枝，间距15～20厘米，各主枝插空排列，螺旋式上升，由下而上，分枝角度越来越大，下部枝70°～80°，中部枝80°～90°，上部枝100°～120°。领导干与主枝粗度比为3～5：1，主

枝与结果枝组比为 5 ~ 7 : 1，结果枝组单轴延伸。树冠上部渐尖，下部略宽，外观呈细长纺锤形。

四、高纺锤形

目前,矮砧集约高效栽培模式一般均采用高纺锤形树形(图2-15)。树高 3 ~ 3.5 米，冠幅 0.8 ~ 1.2 米，中心干强壮，在中心干上直接着生角度下垂的结果枝，以疏除、长放两种手法为主修剪，少短截。主要利用主干自然萌发的枝结果，还可通过刻芽促使中心干上侧芽萌发，培养结果枝。竞争枝和徒长枝主要通过及时抹芽、拉枝下垂和疏枝控制。中心干延长头生长过强时，拉弯刺激侧枝萌发，以花缓势，以果压冠。着生在中

图 2-15 高纺锤形树形（陕西凤翔地区）

心干上的结果枝过大、过粗时，及时留台或刻芽疏除更新。随着树龄增长，适时去除主干上部过长的大枝，尽量不回缩，及时疏除顶部竞争枝。为了保证枝条更新，去除主干中下部大枝时应留小桩，促发出平生的中庸更新枝，培养细长下垂结果枝组。

（一）定植与定干

如果选用3年生大苗，定植时尽可能少修剪，不定干或轻打头，仅去除直径超过主干干径1/3的大侧枝。如果用2年生的苗木，在饱满芽处定干（当年冬剪时对长度超过30厘米以上侧枝留桩疏除）。栽植定干，萌芽后严格控制侧枝生长势，一般侧枝长度达到25～30厘米时进行拉枝，拉枝角度90°～110°，生长势旺和近中心干上部的角度大些，着生在中心干下部或长势偏弱的枝条角度小些。为确保中心干健壮生长，树高应达到2～2.5米。

（二）第二年修剪

第二年春，在中心干分枝不足处进行刻芽或涂抹药剂促发分枝，留桩疏除因第一年控制不当形成的过粗分枝（粗度大于同部位干径1/3的分枝）。生长季整形修剪同第一年，不留果，使树高达到2.8～3.3米。

（三）第三年及以后修剪

第三年修剪基本与第二年相同，严格控制中心干近枝头（上部50厘米）留果，尤其是对于部分腋花芽，可以疏花并利用果台枝培养优良分枝。依据有效产量决定下部分枝是否留果，

一般每 667 米² 苹果产量低于 300 千克，建议不留果。

第四年开始，树高达到 3 米以上，分枝 30～50 个，整形基本完成。果树进入初果期，如果树势较弱，春季疏除花芽，推迟 1 年结果。7～8 年生果树进入盛果期，每 667 米² 苹果产量控制在 3 000～4 000 千克。

（四）更新修剪

就高纺锤形树来说，保证果园群体充分受光是生产优质果的关键。随着树龄增长，适时去除主干上部过长的大枝，尽量不回缩，及时疏除顶部竞争枝。为了保证枝条更新，去除主干中下部大枝时应留小桩，促发出平生的中庸更新枝，培养细长下垂结果枝组（图 2-16）。

图 2-16　高纺锤形主枝的修剪

第三章
苹果幼树修剪中存在的问题

一、拉枝存在的问题

方法不对。把绳拴在近梢部分，没有拉开基角，枝头下垂呈拱形，拱起部分冒条（图3-1）。

正确的方法。先揉开基角，拉枝的着力点在枝条的重心，把基角拉开，使枝轴上下呈一条线延伸，有多个枝临近时，应该把枝条均匀拉向四面八方，充分占领空间。

时间不对。发芽前拉枝，枝条背上容易冒条，晚秋拉枝不利于安全越冬。

合适的时间是5月下旬（主枝）或8～9月份（1年生枝），此时枝条柔软

图3-1　主枝拉成拱形，基角不开

易拉开，拉枝后枝条背上不容易冒条。

勒伤。绳子绑得太紧，枝条生长过程中形成绞缢（图3-2）。绑绳时要留出一定余地，还要及时解绑，一般2个月角度即可固定，特别要注意骨干枝的绞缢。

图 3-2 绳子绑得太紧，勒伤主枝

二、竞争枝处理不当

生产中常见的问题是用竞争枝作主枝或侧枝，而又未及时处理，出现多头竞争的双权枝、三权枝、偏冠树、树上树、合抱树、结果后大枝劈裂等，必须及早采取措施处理（图3-3和图3-4）。

图3-3 双主干

图3-4 上部主枝太强

　　竞争枝处理方法：冬剪时（或幼树定干后）辅助定向刻芽，定向发枝，并将竞争芽抠去；或者竞争新梢长30厘米左右时，及时扭梢或拿枝，使其水平或下垂生长，促花结果，结果后，逐渐疏除。利用竞争枝换头（图3-5），或直接疏除竞争枝（图3-6）。在竞争枝基部秕芽处极重短截，发出新梢后再去强留弱，选择适宜新梢培养主枝或侧枝或枝组。对竞争枝和已成双权树的，及早设法把竞争枝拉成水平，并适时（5月下旬至6月上旬）进行环割甚至环剥，促使缓势成花。对角度极小、无法拉枝的大竞争枝，可在角度适宜的分枝处缩剪，利用分枝开张角度，减缓长势；对已成"树上树"的多年大竞争

枝，在弱分枝处缩剪控制。基部竞争枝处理前后对比如图 3-7 所示。

a　　　　　　　　　　　　　　b

图 3-7　基部竞争枝处理方法

a. 处理前　　b. 处理后

三、"光腿枝"的问题

生产中常见的问题是由于修剪不当，造成枝条下部较长部分无枝条现象，即"光腿枝"。"光腿"现象严重时，内膛空虚，只是外围结果，产量低，大小年结果现象严重，树势衰弱快，寿命短。

"光腿枝"的处理方法：落头开心，打开光路。树冠超高、上部发旺者，及时落头开心，并对中上部过密、过旺大枝，适当回缩、疏除、环割（剥）等，打开光路，改善通风透光条件，促进内膛枝条的发育。拉枝开角，扩张树冠，缓和枝条上部长势，促进中后部萌芽抽枝。春季萌芽前在"光腿"处连环刻伤，深达木质部，抑前促后，刺激隐芽萌发抽枝，再加强夏剪逐渐培养后部结果枝组。5月下旬至6月上旬，在"光腿"稍上处进行环割甚至环剥，抑上促下，上部成花结果后逐渐回缩甚至疏除，下部萌枝后"去强留弱甩中庸"，培养结果枝组。

四、刻芽问题

刻芽过深，位置不对。刻芽只需刻到木质部即可，过深易造成枝条折断。刻芽的位置应在芽上0.5厘米左右处，有的伤口离芽太近，有的刻在芽的下部。

刻芽时间不对。刻芽应在萌芽前进行，一般以萌芽前1个月之内，越早越好。

刻芽对象不对。不分枝条，见芽就刻，数量太大。直立枝，多刻芽，可促成花芽。但对角度大的平生枝条，每个芽都刻，只能是弱枝丛生，难以成花。对旺长枝条，拉平后，在后部次饱满芽处背下或两侧选1～2个芽刻伤，使其抽生长枝补空。一般平生枝条只刻背下芽。缺枝部位，定向刻芽。

注意品种特性。对新乔纳金、红乔纳金等易成花品种应当轻刻、少刻，对红富士、北斗等品种也要适量刻。否则，每个芽都刻由于肥水条件跟不上，花容易很快衰亡。

五、环剥问题

环剥过宽。环剥宽度，以 1 个月内愈合为宜。一般应掌握环剥宽度不超过枝直径的 1 / 10，过宽环剥不仅难以愈合，还会造成树势过分衰弱。如果发现环剥过宽难以愈合时，应及时用透明塑料薄膜进行伤口包扎，促其尽快愈合，愈合后解掉薄膜。

刀口过深，未保护剥口，易造成死树。刀口不应伤及木质部，否则会损伤形成层。环剥时应注意保护形成层不受伤害和污染，剥后应用牛皮纸等物包好，避免阳光直接暴晒和雨淋。

时间过早，伤口不愈合，树势严重衰弱。环剥的时间宜在 5 月下旬至 6 月上旬进行。早熟品种稍早些，晚熟品种可晚一些。为提高坐果率可在花前环剥，但宽度不可过大，并注意用塑料薄膜包扎 5 ~ 6 天，促其及早愈合。

主干环剥，树势衰弱快，寿命短。一般只对发育强旺的大枝、临时性枝、大型辅养枝进行环剥，禁止对主干环剥。永久性骨干枝尽量不要环剥。

注意树势和品种。环剥常用在幼旺树上，对计划密植园的临时株，可重环剥。但正常中庸和偏弱树一般不用环剥，需局部控制时，可用环割。有些品种不宜环剥，如元帅系等短枝型品种环剥后伤口难愈合，剥后衰弱快；矮化中间砧和矮化自根砧苹果树也不宜进行环剥。以上情况，可用环割代替环剥，对旺树（枝）可连续 2 次（多次）环割，间隔 20 天左右。

六、扭梢问题

扭梢时期不当。过早扭梢易发二次梢，难以成花。过晚扭梢易折断、死梢，即使扭下，也难以成花。北方地区宜在5月下旬至7月初，新梢长为30厘米左右时扭梢。

不分主次。对背上枝一律扭梢，严重影响枝条发育。有的甚至对主枝也进行扭梢，影响了正常整形。对背上直立枝可1/3留莲座叶疏除，1/3摘心，1/3扭梢，而且相间进行。

扭梢方法不对。有的在已木质化的地方扭梢，结果大量新梢被扭死。扭梢时，应用手在半木质化部位轻扭转360°，将新梢别下即可；对背上枝可将枝条基部揉软后呈110°角别下。

错误扭梢方法如图3-8所示。

a

b

c

d

图3-8 错误扭梢方法

第四章
苹果幼树栽植技术

一、泡 足 水

栽前根系泡水1昼夜吸足水分（图4-1）。

图 4-1　苗木泡水

二、蘸 好 泥

泡水后对根系部分进行修剪，把根尖打成斜茬，并蘸好泥（图4-2和图4-3）。

a

b

图 4-2　根系修剪

a

b

图 4-3 蘸 泥

三、栽植密度

乔砧密植园株行距 2 米 × 4 米、3 米 × 5 米，栽植 44 ~ 83 株 / 667 米^2；现代集约模式（利用矮化砧木或矮化中间砧）株行距 1.2 ~ 2 米 × 3.5 ~ 4 米，栽植 83 ~ 158 株 / 667 米^2。

四、授粉树配置

主栽品种与授粉品种的配置比例为 3 ~ 4：1，行内混栽为宜，或选用红小果为专用授粉树。乔纳金等三倍体品种不能作为授粉树。

五、栽植时间

春栽于 3 月下旬至 4 月上旬，秋栽于 10 月下旬至 11 月上旬。冬灌后埋土越冬。

六、栽植方法

1. 秋栽　于冬灌前在栽植行挖 80 厘米宽、80 厘米深的定植沟，或直径 80 厘米、深 80 厘米的栽植坑，将玉米秸或其他杂草粉碎后加入少量尿素拌土后填入沟（坑）底部，然后将腐熟的有机肥与表层熟土混匀填入槽内，表土填入。灌水沉实后栽植（图 4-4）。栽植苗木前根系浸泡 24 小时，栽植深度同果苗在苗圃的深度或浇水土壤下沉后嫁接口下 2 ~ 3 厘米为宜。栽植方向，嫁接部位面向西北方向。

2. 春栽　将苗木根系浸泡 24 小时，在挖好的定植沟内小坑栽植（宁夏地区）。

a

b

图 4-4 栽 植

七、栽后管理

定植后立即灌水，落实后覆土；定干后行内覆膜、树干套袋；随时检查成活情况，一般栽后2周发芽1厘米长后就可除袋，不可除袋过晚。除袋应选择在无风的阴天进行（图4-5至图4-12）。

图4-5　灌　水

图 4-6　定　干

a

b

c

d

图 4-7　树干套袋

图 4-8　行内覆膜

图 4-9　检查发芽情况

图 4-10　栽后 2 周发芽 1 厘米后除袋

八、间 作 物

行间间作物以豆类、苜蓿及 7 月份以后不需灌水的蔬菜为主，不能间作高秆或秋季仍需灌水的作物。间作时，须在树行两边各留出 1 米以上的定植保护通风带。

图 4-11　除袋后抹除 60 厘米以下芽

51

a

b

图 4-12　去袋后成活情况

第五章
苹果幼树越冬管理技术

一、1～2 年生幼树

幼树埋土：对 1～2 年生幼树或者干粗在 2.5 厘米以下的幼树灌冬水后越冬前进行埋土（图 5-1）。

图 5-1　幼树埋土

主干套袋：对不埋土的 1 ～ 2 年生幼树，可于 11 月上旬剪除中干上的分枝，在主干套袋后用撕裂膜缠绑越冬（图 5-2）。

a   b   c

图 5-2　主干套袋
a. 剪除中干上分枝　b. 套袋　c. 缠绑

二、3 ～ 5 年生幼树

3 ～ 5 年生幼树可以采用以下综合技术保证安全越冬。

第一，控水、控肥。7 月下旬以后，控制灌水和氮肥，叶面喷 2 ～ 3 次 0.2% 磷酸二氢钾溶液。

第二，摘心。8 月中旬至 9 月中旬进行 2 ～ 3 次摘心。

第三，重点防治大青叶蝉（大绿浮尘子）。9 月下旬至 10 月初早霜来临以前，防治大青叶蝉 1 ～ 2 次，可选用 2.5% 溴氰菊酯 2 000 ～ 3 000 倍液，或 5%S- 氰戊菊酯乳油 800 ～

1 000 倍液，全园喷布树体和杂草。

　　第四，10 月中下旬进行人工落叶。只落掉 1 年生长枝上的叶片（图 5-3）。

a

b

图 5-3　人工落叶

第五，对树干进行涂白。将生石灰、食盐和农药混合后，对主干进行涂抹（图5-4）。

a

b

图5-4 树干涂白

第六章
苹果幼树修剪技术

一、根据栽植密度选好目标树形

现代集约栽培条件下可以采用 1.2 ~ 2 米 ×3.5 ~ 4 米的栽植密度，培养高纺锤形树形；乔砧密植栽培条件下利用矮化中间砧＋乔化品种或乔化砧木＋短枝形品种，可以采用 2 米 × 4 米的栽植密度，培养主干圆柱形树形；乔砧密植栽培条件下利用乔化砧木＋乔化品种，可采用 3 米 ×5 米的栽植密度，培养自由纺锤形树形。

二、合适的角度

结果早晚看角度，产量高低看角度，品质好坏还要看角度。苹果枝梢生长角度与花芽形成、生长、结果和果实品质有着密切的关系。一般来说，枝梢生长角度为 0 ~ 30° 时生长势虽强，但结果少，果实质量下降；枝梢生长角度为 30° ~ 120° 时果型大，含糖量高，花芽形成也多，生长势也较强，使结果与生长势能保持平衡；120° ~ 180° 时花芽形成过多，生长过弱，果实质量下降。因此，斜上枝、水平枝及斜下枝都是方向比较好的结果枝（组）。拉枝对象主要有 3 类：一是分枝角度不开张的主枝、骨干枝，二是结果枝组，三是斜生或平生的健壮营

养枝。无论采用什么样的树形，侧生结果枝组都要拉成自然下垂状态。为了培养新生结果枝组，可以利用斜生或平生的健壮营养枝，将其拉成下垂状成花、结果。密闭果园都是成龄树，主枝和骨干枝比较粗大，用一般方法拉枝开角难度较大的，可在枝的背后基部位置"连三锯"，深达枝粗的 1/3，锯间距在 2～3 厘米之间，然后下压，埋地桩用铁丝固定一年，基角应拉至 80°～85°，腰角、梢角须拉至 90° 与地面呈水平状态。如图 6-1 和图 6-2 所示。

图 6-1　2 年生枝基部揉软后拉下垂用铁丝钩住

图6-2 吊 枝

三、合理的枝干比

按逐级小1／6～1／3的原则调整各级枝干的粗度，去侧打杈变枝组，不符合小1／3要求但又有空间的，可以通过放、伤、变、化控及多留花果等方法削弱长势，减缓其加粗生长。

（一）放就是缓放

也叫甩放、长放，即不剪。具有缓势、积累营养成花的作用。由于长枝甩放增粗快，因此要坚持"五放三不放"的原则。五放：中庸枝、细弱枝、平斜枝、下垂枝及有腋花芽枝等5类枝条；三不放：背上枝、徒长枝及竞争枝。

（二）伤就是通过疏枝制造伤口

疏枝在母枝上形成伤口，影响营养物质的输送，与环剥有类似作用。因此，对伤口上部的枝芽有一定的削弱作用，对伤口下部的枝芽则有促进作用。疏枝愈多伤口间愈近（如对口伤），则控制作用愈明显。通常用疏枝（制造伤口）来控制旺长。俗话说"背上一串疤，主头早回家"就是这个道理。疏枝如图6-3至图6-6所示。

图6-3　去并生枝

图6-4　去内侧枝

图6-5　去重叠大枝

图 6-6　去中干上较粗的分枝

（三）变就是改变枝条生长方向

枝条越直立，越易旺长不成花。因此，可以通过拉枝、开角变方向，达到控制生长的目的（图 6-7 至图 6-9）。另外，也可以通过多留花果的方法对生长势进行控制。

图 6-7 牙签开角

图 6-8 "E"形果树开角器开角

a

b

图 6-9 用果树开角器开角

（四）以轻为主

改形过程中，难免要去大枝，这时要尽量多保留小枝，即使有些密，从平衡树势的角度来考虑，也要暂时留下，以后再逐步清理，就是结果枝组一般不动，以后清理，不弱不回（基本不回）。

第七章

宁夏引黄灌区苹果产业发展解析

一、宁夏苹果生产的
气候条件及栽培优劣势分析

从宁夏 6 个苹果优质产区与国内外苹果最适宜区生态条件（表 7-1 和 7-2）的对比可以看出，宁夏引黄灌区适合苹果栽培，是优质苹果生产的理想基地。有灌溉条件情况下的低雨量减少了病虫危害，加之大的昼夜温差，更有利于苹果品质的提高，因此是高端市场生产优质鲜食（加工）苹果的理想基地。

（一）温 度

根据对世界主要苹果产区的气象资料分析结果，可以看出苹果生长最适宜区年平均温度为 8℃ ~ 12℃，生长季 4 ~ 10月份平均温度 13.5℃ ~ 18.5℃的地区或年 ≥ 5℃的天数不少于170 天的地区都适于苹果栽培，宁夏引黄灌区在此范围内。一般认为，绝对低温决定一种果树能否安全的生长，对苹果而言年极端最低温度必须在 - 27℃以上。宁夏地区除中卫（ -29.2℃）外，其余地区极端最低温度都在 - 27℃以上。果实成熟期及着色期的温度决定果实能否成熟及品质的高低。果实成熟期适温为 19℃ ~ 23℃，着色期适温为 15℃ ~ 18℃，宁夏引黄灌区在此范围内，符合果实着色期要求的最适温度。

表 7-1　宁夏苹果六市县优质产地气象指标

产区名称	主要指标					辅助指标		
	年均温（℃）	年降水量（毫米）	年极端最高温（℃）	年极端最低温（℃）	6～8月份均温（℃）	无霜期天数（天）	海拔高度（米）	年日照时数（小时）
银川	9.0	186.3	38.7	-27.7	22.2	165	1100～1200	2905.7
灵武	8.9	192.9	37.5	-26.5	21.9	178	1100～1500	3011.0
吴忠市	9.3	184.6	38.0	-24.0	22.0	182	1100～1900	2974.4
青铜峡	9.2	175.9	37.7	-25.0	21.8	168	1150～1700	2980.2
中宁	9.5	202.1	37.7	-26.9	22.1	169	1160～1370	2979.9
中卫	8.8	179.6	37.6	-29.2	21.2	159	1100～2955	2921.3

表 7-2 苹果生态适宜气象指标

产区名称	主要指标				辅助指标			符合指标项数
	年均温 (℃)	年降水量 (毫米)	1月中旬均温 (℃)	年极端最低温 (℃)	6~8月份均温 (℃)	>35℃的天数	夏季平均温度 (℃)	
最适宜区	8~12	560~750	<-14	>-27	19~23	<6	15~18	7
黄土高原区	8~12	490~660	-8~1	-26~-16	19~23	<6	15~18	7
渤海湾区近海亚区	9~12	580~840	-10~-2	-24~-13	22~24	0~3	19~21	6
黄河故道区	14~15	640~940	-2~2	-23~-15	26~27	10~25	21~23	3
西南高原区	11~15	750~1100	0~7	-13~-5	19~21	0	15~17	6
美国华盛顿产区	15.6	470	8	-8	22.6	0	15	5

（二）降　雨

宁夏引黄灌区一般降雨量仅 200 毫米，最多不超过 352.4 毫米（1964 年灵武地区），与国内外苹果主要产地 600 毫米的降雨量相比差距很大。但是宁夏有引黄灌溉，这就为果林发展创造了极其有利的条件。降雨量少，空气干燥，日照充足，有灌溉之便，同时由于病虫害相对较少，因此有利于苹果的有机生产。这些特殊的自然条件，对苹果栽培十分有利，是其他雨量多的地区无法比拟的。

（三）日　照

宁夏全年日照时数引黄灌区达 3 000 小时左右，日照百分率接近 69%。据测定，引黄灌区年辐射总量为约 611 千焦／厘米^2。日照长给喜光的苹果提供了丰富的光能和热量，不但树体生长良好，而且花芽容易形成，果实积累的糖分多，这是宁夏引黄灌区苹果着色好、风味好的又一优越自然条件。

（四）土　壤

宁夏引黄灌区土壤主要为经过长期耕作而熟化的浅色草甸土，是宁夏农业的高产区。黄河两侧新垦较高部位为淡灰钙土及草甸淡灰钙土，是发展苹果的主要基地，苹果根系一般深达 2 米以上。沿黄河两岸局部高地，土壤结构好，肥力较高，建立苹果园，一般树体生长旺盛，结果能力强。

（五）土壤养分与果实品质分析

以宁夏灵武地区和陕西洛川地区为例，经测定，土壤养分中全氮、有机质、碱解氮、有效磷、有效钾、有效钙、有效铁

含量普遍低于陕西，且两者相差较大；果实品质中单果重、果形指数、可滴定酸含量、果实矿物质营养中全磷含量基本相当；硬度、可溶性固形物两个重要指标宁夏高于陕西；全钾、全铁、全硼含量、果糖、葡萄糖、总糖含量宁夏高于陕西；全氮、全钙、全锌含量宁夏较低，果实糖酸中蔗糖、苹果酸含量宁夏略低于陕西（表 7-3 和表 7-4）。

全国 11 个苹果主产省富士苹果品质测定结果表明，宁夏富士苹果可溶性固形物含量、硬度排名第一，风味排名第二，口感、总分排名第三，外观排名倒数第四。

从以上 5 个方面分析结果看，宁夏不但能够栽培苹果，而且具有适于发展苹果有利的气候条件和广阔的土壤条件。当然，也有不利的一面。首先是引黄灌区冬寒长，空气干燥，苹果幼树如不注意合理的肥水管理，容易发生越冬抽干现象。若遇特殊冻害年份，则易引起树体受冻，继而引起腐烂病大发生，造成严重损失。其次是春暖快，苹果开花期间，经常遇到霜冻危害，从而影响稳产、高产。

二、宁夏苹果产业转型升级发展的战略选择

（一）占领高端市场条件具备

苹果生产在宁夏地区有比较优势。空气干燥，雨水少（宁夏引黄灌区年降雨量仅 200 毫米左右），这样的气候条件决定了与其他苹果优势产区（如黄土高原、黄河故道、渤海湾等）相比，其果树病虫害的发生相对较轻。在利用抗病品种的前提下，生产上造成果树危害的害虫种类不多，因此宁夏引黄灌区具有绿色农产品生产的气候优势。由于日照时间长，昼夜温差

表 7-3　果实品质

地区	单果重（克）	果形指数	硬度（千克/厘米²）	可溶性固形物（%）	可滴定酸（%）	苹果酸（毫克/克·干重）	总糖（毫克/克）	果糖（毫克/克）	葡萄糖（毫克/克）	蔗糖（毫克/克）
陕西	228.70	0.86	9.59	13.45	0.21	93.19	106.50	56.52	20.28	29.69
宁夏	228.57	0.84	10.51	16.22	0.21	90.50	115.73	65.45	22.34	27.94

表 7-4　果实矿质营养

地区	全氮（%）	全磷（%）	全钾（%）	全钙（毫克/千克）	全铁（毫克/千克）	全锌（毫克/千克）	全硼（毫克/千克）
陕西	0.232	0.076	0.679	800	109.69	5.27	13.78
宁夏	0.190	0.070	0.771	788	133	4.96	29.30

大，果品颜色好、糖度高、味道浓，苹果品质在国内名列前茅。目前，绿色有机是苹果发展的方向与趋势，加强绿色有机生产技术的研发，宁夏苹果在国内有能力抢占高端市场。

（二）区域化特色品种的确定

苹果区域化栽培取决于产区的生态条件、社会经济发展水平和生产技术水平。培育具有竞争力的本土品种是品种更新的前提。从当地的自然生态条件和目标市场着手，确立差异化发展战略思路，从而提高当地的竞争力，达到效益的最大化。要立足小区域（板块）来优化品种结构，积极发展特色品种，发挥品牌优势。一个品种是否适合一个地区栽培，一要看这个品种的保险性与适应性，二要看品质与产量，三要看是否高效，最后还要看能否形成当地的特色与优势，这些都要经过长期生产实践的检验。陕西礼泉地区曾经通过秦冠品种创造了奇迹（1998年以前中国自育苹果新品种中推广面积最大、覆盖地区最广的品种），甘肃天水地区花牛苹果形成了鲜明的特色与优势（为中国国家地理标志产品），极晚熟品种"粉红女士"已经成为陕西富平地区的优势特色苹果品种，"寒富"在辽宁和新疆地区也得到快速发展。我们应积极借鉴现有的成功经验，根据地方特色，发展优势品种。在引黄灌区金冠有绝对优势，套袋富士有比较优势，在这两个品种的优质、高效、绿色栽培上下功夫，宁夏才可能实现苹果产业的腾飞与跨越。

1. 发挥地方优势特色，主推金冠　　金冠原产于美国，由于其抗性、适应性特别强，在山地、川地、平地都表现生长较好，世界上凡是有苹果的地方就有金冠品种，堪称世界性品种。宁夏引黄灌区是中国著名的金冠优质产区，所产的金冠果实表面光洁无锈，甜酸可口，品质优良，果实阳面有红晕。由于金冠在宁夏地区表现早果、早丰、高产、稳产和品质优良，且是高效品种、优良的鲜食加工两用品种、高价品种、添色品种、铁杆品种，因此是宁夏地区的主栽品种之一，曾多次（据不完全统计至少6次）在国内获金奖（表7-5）。只要在栽培上科学灌水、平衡施肥、套袋栽培、带袋采收贮藏或分级打蜡，就可以大大增强果品的竞争力，在国内市场上形成鲜明的地方特色并占有一定份额。

表 7-5　金冠国内获奖情况统计

单位	参评年份	类项
灵武园艺场	1964 全国苹果鉴评会	金奖
灵武园艺场	1985 农业部全国优质水果评比会	全国优质水果
中宁县清水河林场	1988 农业部全国优质水果评比会	金奖
中宁县轿子山林场	1990 农业部、林业部、名特优新品种博览会	金奖
吴忠林场	2003 沙产业博览会	名优产品
宁夏陶林园艺试验场	2007 第二届林业博览会	金奖

2. 套袋富士品质上有比较优势　　2010 年苹果产业技术体系甘肃岗位专家对山西、陕西、宁夏、甘肃 4 省、自治区富士苹果品质测定结果表明，宁夏苹果固形物含量中等偏上，硬度、酸度最高，品质中等偏上；北京岗位专家对全国主产区 40 个县分析结果表明，宁夏富士苹果风味、固形物含量第一，花青苷含量第二，硬度、酸度最高。富士苹果在宁夏地区的主要质量缺陷是果实形状不好（扁），肉质硬。果实形状不好、扁的

问题可以通过蜜蜂授粉（表7-6）、秋施基肥增加树体贮藏养分、行间生草来解决；肉质硬的问题可以通过套袋来解决。一般来说，套袋提高果实的外观品质（果面光洁、鲜亮，带皮降低硬度），但降低果实的内在品质（固形物含量降低1.2%～2.52%）。虽然从长远看不套袋是趋势，但目前套袋仍然是提高宁夏富士国内竞争力的一个重要措施。

表7-6　蜜蜂、风和自然昆虫传粉效果的比较

授粉方式	传粉控制物	坐果率（％）	开花天数	幼果特点	果实特点	单株平均产量（千克）
蜜蜂	无	74	5	果柄粗壮	味甜、果正、果大	321
自然风媒	纱网	47	6或7	一般	果不正，偏果率40%	176
自然风与昆虫	无	54	6或7	一般	果不正，偏果率30%	248

注：河东生态园艺试验中心，20年生富士苹果。

（三）引黄灌区是国内适宜的苹果汁加工原料基地

宁夏果汁加工虽然起步较晚，但有后来居上之势。近年来，随着国际果汁加工格局的变化和我国果汁反倾销诉讼获胜，欧美市场对我国浓缩果汁的需求急剧增加，价格普遍上涨，这给我国果汁加工企业带来了生机。同时，宁夏苹果适宜加工的优良品质得到业内的普遍认同，加之优惠的政策，引来了东部集团、陕西恒兴等国内苹果汁加工企业来宁夏建厂，建苹果原料基地，目前已建成茂源、通达、恒兴等为主体的浓缩果汁加工龙头企业5家，产品全部出口欧美市场，加工能力为310吨/小时，年加工能力为60万吨左右，加工能力远远超过目前宁夏每年的苹果总产量。